매일 현미밥

가장 건강한 한 끼

최혜숙 지음

버튼북스

CONTENTS

Part 3
함께하면 즐거운 현미 테이블

Part 4
맛있는 현미 간식 간단한 현미 한 끼

PROLOGUE

함께 밥을 먹는 사람들을 식구食口라고 합니다. 외식문화가 점점 더 발달하고 있고 저 역시 일과 살림, 모두를 챙겨야 하는 바쁜 일상을 살아가지만 요즘 부쩍 식사의 소중함을 되새기고 있습니다.

저는 이십 대와 삼십 대 대부분을 요리에 집중하여 요리 자체에 대해 공부하고 레시피를 개발하는 것에 의미를 두며 보냈습니다. 하지만 시간이 지날수록 '내가 먹는 것이 곧 나'라는 생각이 들었고, 건강을 생각한 요리에 전보다 더 관심을 갖기 시작했습니다. 지금은 건강에 도움이 되는 요리에 가장 큰 의미를 두고 있는 나 자신을 발견하게 됩니다.

특히, 엄마가 되고 난 다음에는 그저 보기 좋고 간편하게 조리할 수 있는 음식보다는 우리 몸에 유익하고 현대인들의 여러 질병을 예방할 수 있는 식단에 대한 관심이 더 커졌습니다.

BROWN
RICE

요즘 저의 화두는 '행복'입니다. 아침에 눈을 뜰 때, 일을 마무리하고 집으로 돌아갈 때, 주말에 아이와의 산책길에서 일상의 작은 행복을 느낍니다. 모처럼 짬을 내어 짧은 가족 여행을 떠날 때나 일 년 중 한두 번 떠나는 휴가에서의 평화로운 순간, 깨어 있는 나 자신을 발견할 때 행복합니다. 이 모든 시간들 중에서 특히 사랑하는 사람들과 음식을 먹을 때의 행복함이란, 그 어떤 순간들 중에서도 가장 행복하다고 말할 수 있습니다.

식품과 영양에 대해 오랫동안 공부했고, 여러 나라의 음식을 배웠습니다. 보다 많은 사람들이 쉽게 따라 만들 수 있는 요리 방법을 개발하고 있습니다. 우리 몸을 건강하게 만드는 식품을 제대로 요리해 먹는 일은 무엇보다 중요합니다.

이 책 〈매일 현미밥〉에 담긴 건강한 음식들을 직접 만들어 좋은 사람들과 함께하는 행복한 시간 되시길 바랍니다.

현미밥을 짓기 전에 알아두면 좋은 것들

- 현미의 종류와 효능
- 발아현미가 꼭 필요한 이유
- 건강하고 맛있는 현미밥 짓기
- 현미밥을 짓기 위한 도구

◆현미의 종류와 효능

우리 몸이 필요로 하는 영양소의 보고

벼를 수확해서 왕겨만 벗기고 속겨는 벗기지 않은 쌀 현미는 한문으로는 玄米, 영어로는 brown rice, unpolished rice라고 한다.

벼의 가장 바깥 껍질을 왕겨라고 하는데, 1차 도정에는 이 왕겨를 벗겨내게 된다. 왕겨는 쌀 알갱이 무게의 약 25% 정도인데, 이 왕겨를 벗겨낸 검은빛과 푸른색의 쌀이 바로 현미다.

현미에는 천연 미네랄과 영양이 고스란히 담겨져 있다. 따라서 현미식을 하면 우리 몸이 필요로 하는 좋은 영양소를 얻을 수 있다. 이 현미를 여러 번 도정하면 벼는 더욱 하얘지고 맛은 더욱 부드러워질 수 있지만, 영양소는 점점 없어지게 된다.

현미를 계속 도정하면 속껍질과 씨눈이 조금씩 깎여나가게 된다. 현미는 0분도미 또는 1분도미라고도 하고, 그 다음이 5분도미, 7분도미, 10분도미, 즉 백미白米가 되는 것이다. 백미로는 애써 씹지 않아도 삼킬 수 있을 만큼 부드러운 밥을 지을 수 있다.

현미가 지닌 여러 가지 효능들

우리 몸에 꼭 필요한 영양소가 균형 있게 들어 있는 현미를 먹으면 몸의 컨디션이 좋아질 뿐만 아니라, 매일 섭취하면 체질이 개선된다.

고혈압, 고지혈증, 당뇨병 등 현대인들의 생활습관병을 비롯해 다양한 질병의 개선 효과가 있으며, 변비에도 도움이 된다.

백미에 비해 거친 현미를 먹으면 꼭꼭 씹는 건강한 식습관이 자연스럽게 생긴다. 정제된 쌀로 만든 흰 쌀밥과 정제된 밀로 만든 흰 빵은 많이 씹을 필요가 없어 타액이 적게 필요하고 체내 효소의 활동 또한 촉진되지 않는다.

하지만 현미는 충분한 타액을 생성시켜 소화 효율을 높이고 포만중추를 자극해 먹는 양을 줄이는 작용을 한다. 따라서 다이어트에도 상당한 도움이 된다.

현미를 제대로 먹는 방법

현미와 백미는 같은 쌀이지만 영양적인 면에서 매우 큰 차이가 난다. 현미는 통째로 먹는 것이 가장 좋다. 배아를 제거하지 않은 쌀을 먹어야만 노화 물질을 배출시키고 세포를 활성화시킨다. 쌀의 외피가 남아 있는 현미는 사람에 따라 소화가 어려울 수 있으므로 천천히 충분히 씹어야 한다. 소화되기 쉽게 스무 번 이상 씹는 것이 기본이지만, 적절하게 잘 소화될 수 있도록 조리한다면 먹기에 무리 없는 현미밥을 매일 즐길 수 있다.

◆발아현미가 꼭 필요한 이유

현미에 싹이 나면 발아현미

왕겨를 벗겨낸 현미에 적정한 수분, 온도, 산소를 공급해 1~5mm 정도 싹을 틔운 것이다. 싹이 난 현미에는 비타민, 아미노산, 효소 등 우리 몸에 유용한 성분이 더 많이 들어 있어 신체의 자연 치유력을 높이고 성인병을 예방하며 몸의 독소를 배출하는 해독작용을 한다. 또한 신경전달물질인 GABA라고 하는 아미노산의 일종이 더 증가해 콜레스테롤의 증가를 억제하고 면역력을 강화시켜준다.

발아현미 속

GABA(Gamma Amino Butyric Acid)

포유류의 뇌에 작용하는 신경전달 물질인 아미노산의 일종이다. 뇌세포의 대사 기능을 활발하게 해 정신집중 강화, 기억력 증진, 중풍과 치매 예방에 효과적이며, 청소년의 성장 및 발육을 촉진하는 호르몬을 분비한다.

발아현미 속

피트산(Phytic Acid)

집밥보다는 외식을 할 수밖에 없는 현대인의 경우, 각종 식품첨가물이나 중금속, 농약, 다이옥신 등에 노출되기 쉽다. 이러한 독성 물질은 영양 성분의 체내 흡수를 방해하는데, 발아현미에 많이 들어 있는 피트산은 체내에 쌓여 있는 독소들과 결합해서 몸 밖으로 배출되게 하는 물질이다. 최근에는 항산화 효과까지 알려지면서 각광받고 있는 영양소 중 하나다.

발아현미 만드는 법

1. 현미를 물에 담가 살살 저으면서 잡티나 불순물을 건져내고 2-3번 헹군다.
2. 물에 담가 6시간 정도 불린다.
3. 현미 표면에 금이 가는 것처럼 보이다가 나중에 수분이 흡수되어 커진다.
4. 거품이 조금 나면 발아가 시작된 것이다.
5. 체에 받치고 마른 행주나 신문지로 덮어 햇볕 드는 곳에 둔다.
6. 중간중간 2-3번 물을 갈아 헹궈야 냄새도 안 나고 곰팡이도 생기지 않는다.
7. 1-5mm 크기의 싹이 나면 그늘진 곳으로 옮겨 말리고, 물기를 빼 냉장고에 넣어둔다.

◆건강하고 맛있는 현미밥 짓기

씻기

현미의 영양 성분은 쌀눈에 모여 있다. 따라서 쌀을 씻을 때 쌀눈이 떨어져 나가지 않도록 해야 한다. 특히 너무 세게 문지르면 눈에 보이지는 않지만 쌀알 입자가 손상되어 수분, 열, 압력에 노출되면 영양 성분이 쉽게 파괴될 수가 있다. 손가락을 편 상태에서 살짝만 오무려 물과 함께 한 방향으로 저어 주거나 두 손으로 살짝 비비듯이 씻어야 영양 가득한 현미밥을 먹을 수 있다.

불리기

현미는 거친 식감 때문에 무조건 물에 불려야 한다고 생각하지만 오랜 시간을 불리게 되면 수분에 의해 영양분의 손실을 가져올 수도 있다. 또한 물에 흡수된 영양소는 밥을 지을 때 열이나 압력에 의해 거의 손실된다.

같은 현미라도 불린 것과 불리지 않은 것은 맛과 영양에도 차이가 난다. 부드러운 밥을 좋아하거나 소화력이 떨어지는 사람이라면 현미를 불려서, 탱글거리는 식감을 좋아하고 소화력에 문제가 없는 사람이라면 불리지 않고 요리하를 추천한다.

부드러운 밥을 좋아하지만 영양소가 파괴되는 것이 싫다면 압력솥을 사용하면 좋다. 압력솥을 사용하면 적절한 온도와 압력에 의해 백미밥처럼 잘 호화(전분질에 수분과 열이 가해져 먹기 좋은 상태로 익는 현상)되어 소화가 쉽고 영양분의 흡수가 잘된다.

압력솥을 사용하지 않고 냄비나 전기밥솥을 사용하여 맛있는 현미밥을 짓는 방법은 현미를 3시간 이상 불려 밥을 짓는 것이다.

현미밥 짓는 방법은 13쪽(압력솥)과 14쪽(냄비)을 각각 참고한다.

물의 양 맞추기

현미는 겨층이 살아 있기 때문에 밥을 잘못 지으면 거칠거칠한 식감으로 인해 먹기 힘들 수가 있다. 특히 나이 드신 분이나 어린 아이들은 거친 현미밥을 싫어하는 경우가 많다. 현미밥을 지을 때는 흰쌀밥을 지을 때보다 물을 충분이 넣는 것이 좋다. 또 어떤 밥솥을 사용하는지에 따라 물의 양을 조절해야 한다. 일반 솥을 사용할 경우에는 압력솥을 사용할 때보다 물을 조금 더 넣도록 한다.

뜸 들이기

압력계기 방식의 압력솥은 압력계기가 올라가면 약한 불로 줄여 10~15분 정도 더 끓이다가 불을 끄고 압력계기가 내려갈 때까지 뜸을 들인다. 추 방식의 압력솥은 추가 소리를 내면 약한 불로 줄여 20~25분 정도 더 끓이다가 불을 끄고 압력이 내려갈 때까지 뜸을 들인다. 전기 압력솥은 원하는 기능을 설정하면 되고, 일반 냄비나 일반 전기밥솥은 취사가 끝나고 충분히 뜸을 들이면 훨씬 더 맛있는 현미밥을 지을 수 있다.

압력솥으로 밥 짓기

재료

현미 2컵, 물 3컵, 천일염 약간(현미 1컵당 한 꼬집)

만드는 법

1. 현미는 계량컵에 반듯하게 계량하여 쌀겨를 빼낸다.
2. 현미에 물을 붓고 부드럽게 저어 첫 물은 버리고 현미에 쌀알이 손상되지 않도록 두 손으로 비비면서 깨끗이 씻어준다.
3. 압력솥에 현미와 물을 넣고 천일염으로 간한 다음 센 불로 가열하여 압력계기가 올라오면 약한 불로 줄여 10~15분 가열한 후 불을 끄고 압력계기가 내려가면 뚜껑을 열어 완성한다.

쿠킹 팁

-현미는 불리지 않은 햅쌀로 준비한다. 현미를 불려 밥을 지을 경우 쌀알이 손상되지 않도록 씻어 3과 같은 과정으로 밥을 짓는다.

냄비밥 짓기

재료

현미 2컵, 물 2컵, 천일염 약간(현미 1컵당 한 꼬집)

만드는 법

1~2. 압력솥으로 밥 짓기 과정과 동일하다.

3. 냄비에 밥을 짓는 경우, 밥을 하는 동안 물이 끓으면서 수분이 증발하므로 물을 넉넉하게 넣는 것이 포인트다. 현미 1컵당 물 220ml를 넣는다.

4. 냄비에 현미와 물, 천일염을 넣고 뚜껑을 닫아 센 불에서 끓어오를 때까지 끓이다가 불을 끄고 15~30분간 두어 현미에 뜨거운 물이 충분히 흡수되도록 해준다. 다시 센 불로 가열하여 끓어오르면 약한 불로 줄여 냄비 재질과 종류에 따라 15분~20분 정도 가열하며 뜸을 들여 완성한다.

쿠킹 팁

- 식감이 느껴지는 현미밥을 짓기 위해서는 현미 1컵에 물 1컵(180ml)을 넣는다.
- 부드럽고 촉촉한 식감의 현미밥을 짓기 위해서는 현미 1컵에 물 220ml를 넣는다.

◆현미밥을 짓기 위한 도구

식사를 준비하기 위한 기본적인 조리 도구들은 어느 가정에서든 준비하고 있다. 요즘에는 크기와 가격대도 다양하고 워낙 다양한 제품들이 나와 있어 조리 도구를 마련하고 수납하는 것도 만만한 일은 아니다.

이 책에 나오는 레시피를 만드는 데 필요한 조리 도구를 소개한다. 냄비, 프라이팬, 칼, 도마, 뒤집개, 거품기 등 기본적인 도구다. 6~10개씩 들어 있는 조리 도구 세트를 구입하면 전부 사용하는 게 아니라 한두 개 필요한 것만 사용하고 다른 것들은 자리만 차지한 채 안 쓰고 묵히는 경우가 많다. 세트로 구입하기보다는 필요한 것만 구입하며 반드시 스테인리스 스틸 제품으로 선택한다.

이외에 밥할 때 자주 사용하는 압력솥, 죽이나 수프 만들 때 유용한 믹서나 푸드 프로세서 등도 준비하면 좋다.

냄비_ 양쪽에 손잡이가 달린 양수냄비와 한쪽에만 기다란 손잡이가 달린 편수냄비, 두 가지를 준비해두고 용도에 따라 사용하는 것이 좋다. 양수냄비는 찌개나 카레 등 오랫동안 푹 끓이거나 재료가 무거운 요리를 하는 데 적당하며, 편수냄비는 조리 중에 냄비를 자주 움직여야 하거나 손잡이를 잡고 조리해야 할 때 사용한다.

최근에는 혼자 밥을 해먹는 경우가 많고 그때그때 조금씩 해서 먹는 경우가 많아 예전보다 자그마한 냄비가 시중에 많이 나와 있다. 특히, 냄비의 경우 밑바닥의 열전도율을 잘 따져봐야 한다.

프라이팬_ 지름 16cm와 24~28cm 정도의 크기로 두 개 정도는 구비하는 것이 좋다. 프라이팬을 구입하면 중성세제로 닦은 후 더운물에 우유와 식초를 넣고 끓여 코팅막 겉에 붙어 있는 불순물을 제거하고 길을 들여 사용해야 한다. 코팅 팬은 음식이 눌어붙지 않는다는 장점이 있지만 코팅이 일단 벗겨지기 시작하면 조리하면서 인체에 유해한 물질이 섞이기 때문에 버리고 새로 구입해야 한다. 스테인레스 스틸 팬은 튼튼하고 흠이 잘 나지 않고 세척하기 쉽지만 불 조절을 잘못하면 음식이 눌어붙을 수 있다.

칼_ 칼은 모양과 크기에 따라 종류도 다양하고 가격대도 다르다. 하지만 무조건 비싸다고 성능이 좋은 것은 아니다. 가정에서 사용하는 칼은 길이 16~20cm 정도가 적당하고, 무거운 것보다 가벼운 것이 사용하기 편하다. 18cm 큰 식도, 16cm 작은 식도, 9cm 과도 정도를 구비해두면 되고, 빵이 눌리지 않게 잘 썰리는 브레드 나이프 하나 정도 더 준비해두길 추천한다. 칼은 사용할 때 못지않게 보관이 더 중요하다. 칼을 보관할 때는 부드러운 스펀지로 씻어 물기를 잘 닦아 말린 후 칼꽂이에 보관하는 것이 좋다.

도마_ 크기가 다른 두 개를 구입해 육류용과 채소용으로 구분해 사용하면 위생적이다. 주로 나무와 플라스틱 재질이 있는데 나무는 칼이 닿는 감촉이 좋은 반면 사용하고 잘 말리지 않으면 곰팡이가 생기기 쉽고 플라스틱은 위생상 좋지만 칼이 닿는 감촉이 딱딱하고 소리가 나는 단점이 있다. 약간 비싸기는 하지만 음식 냄새가 남지 않고 칼질이 부드러운 폴리에틸렌 수지의 재질도 있다. 건조한 도마는 사용하기 전에 물에 한번 헹군 다음 행주로 물기를 닦아 쓰면 식재료의 냄새나 색이 잘 배지 않는다.

볼_ 씻기, 재우기, 섞기, 무치기, 거품 내기, 불리기 등 조리 과정에 꼭 필요한 도구가 바로 볼이다. 지름이 15~30cm까지 크기가 다양하므로 크기 별로 서너 개 이상 구비해 사용하는 것이 편리하다. 재질은 스테인리스 스틸과 강화유리로 된 것을 고르는 것이 좋다. 지름 6~8cm 크기의 작은 것은 양념장이나 소스를 섞을 때, 16cm 정도는 나물이나 각종 무침요리를 할 때, 30cm 이상의 큰 것은 쌀이나 채소를 씻거나 반죽할 때, 김치같이 양념이 필요한 음식을 요리할 때나 양이 많은 음식을 만들 때 필요하다.

체_ 여러 가지 종류의 가루를 치거나, 된장, 고추장 등의 재료를 거를 때, 재료의 물기를 뺄 때 사용한다. 채소의 물기를 빼거나 국수를 삶아 물기를 뺄 때 담아놓기 좋은 바닥이 평평한 체와 발이 촘촘해서 가루를 치거나 고추장, 된장을 풀기 좋은 체는 요긴하다.

국자_ 길이가 길고 큰 것과 소스 국자처럼 길이가 짧고 작은 것, 두 개가 있으면 편하다. 구멍이 있는 국자를 준비해두면 삶은 음식을 건져내거나 국에 달걀을 풀 때 편리하다.

뒤집개_ 전이나 부침, 구이를 할 때 사용한다. 코팅 팬에 사용한다면 스테인리스 스틸 제품은 피하는 것이 좋다.

거품기_ 요리할 때 사용하는 거품기는 작은 사이즈를 구입하면 드레싱 재료를 섞을 때나 달걀을 풀 때도 유용하다.

주방가위_ 일반 가위에 비해 날이 굵은 것이 특징인데, 손잡이의 움직임이 부드럽고 날이 녹슬지 않고 두껍고 튼튼한 것, 손잡이 부분의 이음새에 때가 잘 끼지 않는 것으로 고른다.

필러_ 감자나 당근, 무 등의 껍질을 벗길 때 유용하다.

계량 도구_ 계량컵과 계량스푼은 크기와 모양에 따라 종류가 다양하다. 계량컵은 180ml를 가장 많이 사용하고, 계량스푼은 양쪽에 스푼이 달린 것이 편리하다.

〈매일 현미밥〉 레시피는 2인분을 기준으로 합니다.
1컵은 180ml, 1큰술은 30g, 1작은술은 15g입니다.
냄비에 밥을 짓는다면 14쪽을 참고해주세요.

우리 가족
건강을 지키는
현미밥

BROWN
RICE

현미 오색밥

재료

현미 2컵, 잡곡, 보리 1컵, 단호박 1/8개, 팥, 검은콩 1/3컵, 물 4컵

만드는 법

1 현미와 잡곡, 보리는 깨끗이 씻어 물에 3시간 이상 불리고, 팥과 검은콩도 깨끗이 씻어 각각 물에 1시간 불린다.
2 단호박은 1.5cm 크기로 깍뚝 썬다.
3 압력솥에 각각의 잡곡을 나누어 담고 뚜껑을 닫아 센 불로 가열한다.
4 압력계기가 올라오면 약한 불로 줄여 10~15분 정도 뜸을 들여 완성한다.

BROWN
RICE

현미 오곡찰밥

재료

현미찹쌀 1+1/2컵, 팥 1컵, 서리태, 수수, 차조 1/2컵, 물 3컵, 팥 우린 물 4컵, 천일염 약간

만드는법

1 현미찹쌀과 서리태, 수수는 깨끗이 씻어 물에 3시간 이상 불리고 차조는 깨끗이 씻어 준비한다.
2 팥은 잘 씻어 냄비에 3컵의 물과 천일염을 넣고 한소끔 끓여 물을 버리고 새 물을 받아 우려낸다.
3 압력솥에 현미찹쌀 서리태, 수수, 차조, 삶은 팥, 팥 우린 물, 천일염을 넣고 뚜껑을 닫아 센 불로 가열한다.
4 압력계기가 올라오면 약한 불로 줄여 10~15분 정도 뜸을 들여 완성한다.

❖ 재료의 팥 우린 물 4컵은 2의 새 물을 받아 우려낸 것으로 준비한다.

BROWN
RICE

현미 보리밥

재료

현미, 현미찹쌀 1/2컵, 보리 1컵, 팥 2큰술, 물 2컵, 천일염 약간

만드는 법

1 현미, 현미찹쌀, 보리는 깨끗이 씻어 물에 3시간 이상 불린다.

2 팥은 씻어 물에 1시간 불린다.

3 1에 2의 팥을 얹어 천일염으로 간하고 물을 붓는다.

4 압력솥에 3을 넣고 잘 섞은 후 뚜껑을 닫아 센 불로 가열하다가 압력계기가 올라오면 약한 불로 줄여 10~15분 정도 뜸을 들여 완성한다.

BROWN
RICE

현미 밤밥

재료

현미찹쌀 2컵, 밤 10알, 단호박 1/4개, 물 3컵, 천일염 약간

만드는 법

1 현미는 깨끗이 씻어 물에 3시간 이상 불린다.

2 밤은 겉껍질만 벗겨내고, 속껍질은 그대로 둔다.

3 단호박은 씨를 제거하고 밤 크기로 자른 후 돌려 깎는다.

4 압력솥에 모든 재료를 넣고 잘 섞은 후 뚜껑을 닫아 센 불로 가열하다가 압력계기가 올라오면 10~15분 정도 뜸을 들여 완성한다.

BROWN
RICE

현미 매생이밥

재료

현미찹쌀 2컵, 매생이 1/2컵, 톳 1/4컵, 마른 미역 2컵, 물 2컵

만드는 법

1 현미찹쌀은 씻어 물에 3시간 이상 불린 후 체에 받쳐 물기를 제거한다.
2 매생이는 물에 씻어 체에 건지고, 마른 미역은 물에 불려 먹기 좋은 크기로 자른다.
3 톳은 끓는 물에 살짝 데쳐 물에 헹군 후 먹기 좋은 크기로 썬다.
4 압력솥에 모든 재료를 넣고 잘 섞은 후 뚜껑을 닫아 센 불로 가열하다가 압력계기가 올라오면 약한 불로 줄여 10~15분 정도 뜸을 들여 완성한다.

BROWN
RICE

현미 해물 영양밥

재료

현미찹쌀 2컵, 오징어 1/2마리, 새우 4마리, 표고버섯 2개, 은행 8알, 밤, 대추 4개, 다시마 우린 물 1+3/4컵, 간장 2큰술, 올리브오일 1큰술

만드는 법

1 현미찹쌀은 깨끗이 씻어 3시간 이상 불린다.
2 표고버섯은 슬라이스, 밤은 2등분, 대추는 돌려 깎아서 채 썰고, 은행은 프라이팬에 살짝 볶아 껍질을 벗겨낸다.
3 오징어는 깍뚝 썰고 새우는 껍질을 제거해 준비한다.
4 압력솥에 모든 재료를 넣고 잘 섞은 후 뚜껑을 닫아 센 불로 가열하다가 압력계기가 올라오면 약한 불로 줄여 10~15분 정도 뜸을 들여 완성한다.

❖ 다시마 우린 물은 분량의 물에 5x5cm 크기의 다시마 한 조각을 충분히 우려내 사용한다.

BROWN
RICE

현미 율무밥

재료

현미, 율무 1컵, 물 2컵, 천일염 약간

만드는 법

1 현미와 율무는 깨끗이 씻어 물에 3시간 이상 불린다.
2 압력솥에 불린 현미와 율무를 담은 후 물을 붓고 천일염으로 간한다.
3 뚜껑을 닫아 센 불로 가열하다가 압력계기가 올라오면 약한 불로 줄여 10~15분 정도 뜸을 들여 완성한다.

BROWN
RICE

현미 취나물밥

재료

현미 2컵, 취나물 100g, 다시마 우린 물 2컵, 된장, 참기름 1큰술, 다진 파, 다진 마늘 1작은술, 깨소금, 천일염 약간

양념장 : 간장 4큰술, 고춧가루, 통깨, 참기름 1큰술, 실파 1대, 다진 마늘 1작은술

만드는 법

1 현미는 깨끗이 씻어 다시마 우린 물에 담가둔다.
2 취나물은 끓는 물에 천일염을 넣어 살짝 데친다.
3 2를 찬물에 헹궈 물기를 제거하고 된장, 참기름, 다진 파와 다진 마늘, 깨소금으로 양념한다.
4 압력솥에 1과 3을 넣고 뚜껑을 닫아 센 불로 가열하다가 압력계기가 올라오면 약한 불로 줄여 10~15분 정도 뜸을 들인다.
5 양념장 재료를 모두 섞어 곁들여 완성한다.

BROWN
RICE

현미 볶음밥

재료

현미찹쌀 2컵, 칵테일 새우 1컵, 달걀 2개, 식용유 1+1/2큰술, 물 2컵, 설탕, 천일염, 후추, 흑임자 약간

만드는 법

1 현미찹쌀은 깨끗이 씻어 물에 3시간 이상 불린다.

2 볼에 달걀을 풀고 천일염, 후추로 간한 후 식용유를 두른 팬에 스크램블 에그를 만들어 준비한다.

3 압력솥에 현미찹쌀, 물, 천일염, 설탕, 식용유, 칵테일 새우를 넣고 뚜껑을 닫아 센 불로 가열하다가 압력계기가 올라오면 약한 불로 줄여 10~15분 정도 뜸을 들인다.

4 압력솥 뚜껑을 열고 2의 스크램블 에그와 흑임자를 넣고 잘 섞어 완성한다.

BROWN
RICE

현미 불고기 콩나물밥

재료

현미 2컵, 불고기 다짐육 200g, 콩나물 100g, 물 2컵

고기 양념 : 간장, 설탕 2큰술, 다진 마늘, 참기름 1큰술, 천일염 후추 약간

양념장 : 간장 6큰술, 물 2큰술, 고춧가루 1큰술, 쪽파 2~3줄, 다진 마늘 1작은술, 참깨, 참기름 약간

만드는 법

1 현미를 깨끗이 씻어 물에 3시간 이상 불린다.
2 콩나물은 다듬어 깨끗이 씻어 놓는다.
3 불고기 다짐육은 고기 양념을 모두 섞어 재운 후 프라이팬에 수분이 사라질 때까지 고슬하게 볶는다.
4 압력솥에 현미를 넣고 3의 고기와 콩나물을 올린 후 물을 넣고 뚜껑을 닫아 센 불로 가열하다가 압력계기가 올라오면 약한 불로 줄여 10~15분 정도 뜸을 들여 완성한다.

BROWN
RICE

현미 김치 굴밥

재료

현미 2컵, 배추김치 200g 굴 120g, 물 2컵, 참기름 1큰술, 설탕, 고춧가루 1작은술, 깨소금, 천일염, 청주 약간

양념장 : 간장 4큰술, 물 2큰술, 설탕, 고춧가루 1큰술, 다진 파 4큰술, 다진 마늘, 깨소금 1큰술, 참기름 1작은술

만드는 법

1 현미를 깨끗이 씻어 물에 3시간 이상 불린다.

2 김치는 1cm 크기로 송송 썰어 참기름, 설탕, 고춧가루, 깨소금에 무치고 굴은 소금물에 흔들어 씻어 청주를 뿌려둔다.

3 압력솥에 현미를 넣고 굴과 김치를 올린 후 물을 넣고 뚜껑을 닫아 센 불로 가열하다가 압력계기가 올라오면 약한 불로 줄여 10~15분 정도 뜸을 들여 완성한다.

4 양념장 재료를 모두 섞어 곁들인다.

BROWN
RICE

현미 톳 옥수수밥

재료

현미 2컵, 물 3컵, 천일염 1/5작은술, 말린 톳 2큰술, 물 1컵, 간장 1큰술, 생강 10g, 콘 옥수수 100g, 파슬리 2g, 천일염 약간

만드는 법

1 현미를 깨끗이 씻어 물과 천일염을 함께 넣고 밥을 짓는다.
2 톳은 체에 받쳐 물로 씻어둔다.
3 생강은 잘게 채 썰고 콘 옥수수는 물기를 빼고 파슬리는 잘게 다진다.
4 냄비에 생강과 톳을 넣고 물을 부어 끓인 후 간장을 넣어 조린다.
5 톳이 부드러워지면 물기가 없어질 때까지 조린다.
6 밥에 조린 톳과 옥수수, 파슬리를 넣어 섞은 후 필요하면 천일염으로 간을 맞춰 완성한다.

❖ 1의 현미밥 짓기는 13, 14쪽을 참고한다.

BROWN
RICE

양배추 미역 현미밥

재료

현미 1컵, 물 1컵, 천일염 1/5작은술, 양배추 100g, 생강 10g, 천일염 1/2작은술, 마른 미역 10g, 국간장 1큰술, 흰깨 약간

만드는 법

1 현미를 깨끗이 씻어 물과 천일염을 함께 넣고 밥을 짓는다.

2 양배추는 한입 크기로 자르고 생강은 잘게 채 썰고 천일염을 비벼둔다.

3 미역은 칼이나 프로세서로 잘게 분쇄한다.

4 2의 물기를 짜내고 3과 함께 1의 현미밥에 섞어 국간장으로 간한다.

5 프라이팬에 흰깨를 살짝 볶아 칼로 다진 후 4에 올려 완성한다.

❖ 1의 현미밥 짓기는 13, 14쪽을 참고한다.

BROWN
RICE

마 버섯 영양밥

재료

현미 2컵, 물 2+1/2컵, 마 300g, 표고버섯 4개, 보리새우 3큰술, 천일염 1/4작은술, 간장 1큰술, 청주 2큰술

만드는 법

1 보리새우는 물을 부어 미리 부드럽게 불려둔다.
2 현미는 깨끗이 씻어 체에 받쳐 압력솥에 넣고 1의 보리새우 불린 물과 함께 붓는다.
3 천일염과 간장, 청주를 2에 넣어 섞는다.
4 마는 껍질을 깎고 1cm 두께로 썬 다음 천일염을 뿌려 손으로 비벼 미끈거리는 것을 씻어낸다.
5 3에 4의 마를 올리고 뚜껑을 덮어 센 불에 가열하다가 압력계기가 올라오면 약한 불로 줄여 10~15분 정도 뜸을 들여 완성한다.

❖ 4의 천일염은 재료 외에 따로 1큰술 준비한다.

BROWN
RICE

현미찹쌀 표고 영양밥

재료

현미찹쌀 2컵, 건표고버섯 3개, 은행 8알, 밤 10개, 다시마 우린 물 2컵, 간장 1큰술

만드는 법

1 현미찹쌀은 깨끗이 씻어 건표고버섯과 함께 물에 불린다.
2 불린 표고버섯은 2~3등분으로 슬라이스하고 기둥은 잘게 찢어둔다.
3 은행은 팬에 살짝 볶아 껍질을 벗기고, 밤은 껍질을 벗겨 2등분한다.
4 압력솥에 현미찹쌀과 모든 재료를 넣고 표고버섯 우린 물을 넣고 뚜껑을 닫아 센 불로 가열하다가 압력계기가 올라오면 약한 불로 줄여 10~15분 정도 뜸을 들여 완성한다.

BROWN
RICE

약고추장 현미 찰밥

재료

현미찹쌀 2컵, 물 2컵, 쌈채소 적당량, 천일염 약간

약고추장 : 고추장 1컵, 배즙 4큰술, 참기름, 꿀, 잣 2큰술, 설탕 1/2큰술

고기 양념 : 소고기 다짐육 100g, 간장, 설탕 1큰술, 다진 마늘, 참기름 1/2큰술, 천일염, 후추 약간

만드는 법

1 현미찹쌀은 깨끗이 씻어 물에 3시간 이상 불리고 약고추장은 재료를 모두 섞어 준비한다.

2 소고기 다짐육은 양념에 재워 프라이팬에 볶다가 1의 약고추장을 넣고 살짝 볶는다.

3 압력솥에 현미찹쌀과 물을 넣고 뚜껑을 닫아 센 불로 가열하다가 압력계기가 올라오면 약한 불로 줄여 10~15분 정도 뜸을 들인다.

4 현미찹쌀밥에 약고추장과 쌈채소를 곁들여 완성한다.

BROWN
RICE

현미 죽순 영양밥

재료

현미, 현미찹쌀 1컵, 삶은 죽순 100g, 표고버섯 50g, 물 2컵

만드는 법

1 현미와 현미찹쌀은 깨끗이 씻어 물에 3시간 이상 불린다.

2 죽순은 쌀뜨물에 삶아 모양을 살려 썬다.

3 표고버섯은 물에 살짝 헹궈 굵게 채 썬다.

4 압력솥에 현미, 현미찹쌀을 담고 죽순과 표고버섯을 얹어 물을 넣고 뚜껑을 닫아 센 불로 가열하다가 압력계기가 올라오면 약한 불로 줄여 10~15분 정도 뜸을 들여 완성한다.

BROWN
RICE

현미 연근 우엉밥

재료

현미, 현미찹쌀 1컵, 연근 130g, 우엉 100g, 물 2컵

만드는 법

1 현미와 현미찹쌀은 깨끗이 씻어 물에 3시간 이상 불린다.

2 연근과 우엉은 깨끗이 씻어 필러로 껍질을 벗긴 뒤 돌려가며 썬다.

3 압력솥에 현미, 현미찹쌀을 담고 연근과 우엉을 얹어 물을 넣고 뚜껑을 닫아 센 불로 가열하다가 압력계기가 올라오면 약한 불로 줄여 10~15분 정도 뜸을 들여 완성한다.

BROWN
RICE

현미 도미밥

재료

현미 2컵, 도미 1마리(250g), 다시마 우린 물 2+1/2컵, 정종 3큰술, 생강 50g, 천일염 약간

만드는 법

1 현미는 깨끗이 씻어 물에 3시간 이상 불리고 생강은 채 썰어 준비한다.

2 도미는 비늘을 벗기고 아가미와 내장을 제거해 천일염을 뿌려 3시간 이상 절인 후 소금물로 가볍게 씻어 준비한다.

3 압력솥에 불린 현미, 다시마 우린 물, 정종과 천일염을 넣은 후 도미를 올리고 뚜껑을 닫아 센 불로 가열한다.

4 압력계기가 올라오면 약한 불로 줄여 10~15분 정도 뜸을 들인 후 뚜껑을 열어 도미 가시를 발라낸 다음 잘 섞고 채 썬 생강을 올려 완성한다.

BROWN
RICE

현미 무청 시래기밥

재료

현미 2컵, 무청 시래기 1컵, 들기름 1큰술, 물 2컵, 천일염 약간

만드는 법

1 현미는 깨끗이 씻어 물에 3시간 이상 불린다.
2 압력솥에 들기름을 두르고 무청 시래기를 달달 볶은 후 불린 현미와 물을 넣고 뚜껑을 닫아 센 불로 가열한다.
3 압력계기가 올라오면 약한 불로 줄여 10~15분 정도 뜸을 들여 완성한다.

현미밥으로 시작하는 건강 지키기

나는 언제나 믿는다.
세상 최고의 요리사는 엄마다.
잡곡밥과 된장찌개, 제철 나물과 여러 종류의 김치,
그리고 몇 가지 마른 반찬은
엄마가 된 지금도 내가 언제나 그리워하는 엄마의 집밥이다.

손맛 좋은 엄마 덕에 나도 요리사가 되었다고 생각한다.
그리고 나는 요리사 이전에
식품과 영양에 대해 오랫동안 공부했다.
한식과 서양요리를 두루 배웠고 만들지만,
가장 맛있고 건강한 음식은 우리 음식이다.
우리 밥상에 빠질 수 없는 건 밥이다.

누구나 어렵지 않게 현미밥을 지을 수 있다.
은행, 대추, 밤, 잣을 넣은 해물 영양밥은 피곤한 남편을 위해,
불고기 콩나물 현미밥과 새우와 야채를 넣어 만든 볶음밥은
아이를 위해 준비한다.

건강하고 맛있고 근사한 현미밥을 짓는 건
나와 가족의 건강을 지키는 작은 시작이다.

더욱 근사해진
현미밥 한 그릇

BROWN RICE

중국식 현미 약밥

재료

현미, 현미찹쌀 1컵, 얇게 썬 소고기 150g, 당근, 대파 1/2대, 표고버섯, 삶은 달걀 3개, 물 2컵, 굴소스, 간장 2큰술, 팔각 1개, 참기름 1큰술, 산초 1/2작은술, 고수, 천일염 약간

만드는 법

1 현미와 현미찹쌀은 깨끗이 씻어 물에 3시간 이상 불린다.

2 얇게 썬 소고기는 반으로 잘라 굴소스 1큰술과 간장 1큰술, 팔각을 넣어 밑간한다.

3 당근은 1cm 크기로 깍뚝 썰고 대파는 1cm 길이로 자르고 표고버섯은 얇게 슬라이스하고 삶은 달걀은 세로로 4등분, 산초는 칼로 으깨어 잘게 자른다.

4 압력솥에 불린 현미와 현미찹쌀을 넣고 소고기와 당근, 대파, 표고버섯을 담고 굴소스 1큰술과 간장 1큰술, 물을 넣고 잘 섞은 후 삶은 달걀을 올리고 뚜껑을 닫아 센 불로 가열한다.

5 압력계기가 올라오면 약한 불로 줄여 10~15분 정도 뜸을 들인 후 뚜껑을 열어 참기름과 산초 다진 것을 섞어 완성한다.

❖ 산초는 없으면 생략해도 된다.

BROWN
RICE

연어 버섯 현미밥

재료

현미 2컵, 연어 살 3~4장(250g), 만가닥버섯, 팽이버섯 50g, 표고버섯 2개, 간장 1+1/3큰술, 청주 1큰술, 천일염 약간

만드는 법

1 현미는 깨끗이 씻어 물에 3시간 이상 불린다.
2 연어 살은 간장 1/3큰술과 청주를 넣어 밑간하고 만가닥버섯은 손으로 찢고 팽이버섯은 2cm 길이로 자르고 표고버섯은 얇게 슬라이스한다.
3 압력솥에 현미를 넣고 연어 살, 버섯을 올린 후 물과 간장 1큰술, 천일염을 넣고 뚜껑을 닫아 센 불로 가열한다.
4 압력계기가 올라오면 약한 불로 줄여 10~15분 정도 뜸을 들인 후 연어가 부서지도록 섞어 완성한다.

BROWN
RICE

돼지고기 무 현미밥

재료

현미 2컵, 돼지고기 목살 150g, 무 1/5개(200g), 구운 김 1~2장, 참기름 1작은술, 천일염 1/2큰술, 라임 혹은 레몬, 후추 약간

만드는 법

1 현미는 깨끗이 씻어 물에 3시간 이상 불린다.
2 무는 깨끗이 씻어 1cm 두께의 은행잎 모양으로 썰고 돼지고기는 잘게 자른 후 볼에 담아 천일염과 참기름, 후추를 넣어 밑간한다.
3 압력솥에 현미를 넣고 무와 돼지고기를 올린 후 물을 붓고 뚜껑을 닫아 센 불로 가열한다.
4 압력계기가 올라오면 약한 불로 줄여 10~15분 정도 뜸을 들인 후 뚜껑을 열어 구운 김을 부셔 잘 섞고 라임이나 레몬으로 장식한다.

BROWN RICE

소고기 현미밥

재료

현미 2컵, 소고기 150g, 쪽파 10줄기, 생강 1/2~1개, 간장, 청주 2큰술, 설탕 1큰술, 물 2컵, 천일염 약간

만드는 법

1 현미는 깨끗이 씻어 물에 3시간 이상 불린다.

2 생강은 얇게 채 썰고 쪽파는 송송 썰고 소고기는 얇게 채 썰어 간장, 청주, 설탕으로 밑간한다.

3 압력솥에 현미와 소고기, 생강과 분량의 물을 넣어 뚜껑을 닫아 센 불로 가열한다.

4 압력계기가 올라오면 약한 불로 줄여 10~15분 정도 뜸을 들인 후 뚜껑을 열어 송송 썬 쪽파를 올려 완성한다.

BROWN
RICE

명란 우엉 현미밥

재료

현미 2컵, 우엉 100g, 닭가슴살 1덩어리, 명란젓 1개(60~70g), 마요네즈 2큰술, 쪽파 3줄기, 참기름, 청주 1큰술, 간장 1/2큰술, 물 2컵, 천일염 약간

만드는 법

1 현미는 깨끗이 씻어 물에 3시간 이상 불린다.
2 우엉은 어슷썰고 쪽파는 송송 썰고 닭가슴살은 반으로 저며 우엉 크기보다 조금 크게 어슷썰어 청주와 간장에 밑간한다.
3 명란젓은 살을 발라내어 마요네즈와 섞어 준비한다.
4 압력솥에 참기름을 두르고 우엉과 닭가슴살을 볶다가 어느 정도 볶아지면 현미와 분량의 물을 넣고 뚜껑을 닫아 센 불로 가열한다.
5 압력계기가 올라오면 약한 불로 줄여 10~15분 정도 뜸을 들인 후 뚜껑을 열어 쪽파를 올리고 3의 명란 마요네즈와 곁들여 완성한다.

BROWN
RICE

명란 아보카도 현미밥

재료

현미밥 2공기, 명란 2개, 아보카도 1개, 달걀 2개, 참기름, 고춧가루 1큰술, 식용유, 천일염, 김가루 약간

만드는 법

1 명란은 칼집을 넣고 칼등으로 긁어내어 볼에 담아 참기름과 고춧가루를 넣고 잘 섞어둔다.
2 예열한 팬에 오일을 두르고 달걀을 천일염으로 간해 반숙으로 익힌다.
3 아보카도는 칼이 씨에 닿도록 깊숙이 넣어 칼집을 내고 비틀어 두 쪽으로 나눈 후 껍질을 벗기고 길게 슬라이스한다.
4 현미밥에 아보카도, 명란, 김가루를 올리고 반숙 달걀을 올려 완성한다.

✣ 너무 익은 아보카도는 뭉개질 수 있으니 조금 단단한 것으로 준비한다.

BROWN RICE

토마토 아보카도 현미밥

재료

현미, 슈퍼곡물(귀리, 퀴노아, 카무트, 렌틸콩 등) 1컵, 방울토마토 10~15개, 아보카도 1개, 물 2컵, 코코넛오일 1작은술, 천일염 약간

만드는 법

1 현미와 슈퍼곡물은 씻어 3시간 이상 불린다.
2 아보카도는 칼이 씨에 닿도록 깊숙이 넣어 칼을 돌려 칼집을 내고 비틀어 두 쪽으로 나눈 후 껍질을 벗기고 길게 슬라이스한다.
3 방울토마토는 깨끗이 씻어 반을 잘라 준비한다.
4 압력솥에 현미와 물, 코코넛오일, 천일염을 넣고 뚜껑을 닫아 센 불로 가열하다가 압력계기가 올라오면 약한 불로 줄여 10~15분 정도 뜸을 들인다.
5 밥이 뜨거울 때 방울토마토와 아보카도를 올려 잔열에 익혀 완성한다.

✣ 너무 익은 아보카도는 뭉개질 수 있으니 조금 단단한 것으로 준비한다.

BROWN
RICE

훈제오리 김치 현미밥

재료

현미 2컵, 훈제오리 200g, 배추김치 1컵(150g), 물 2컵, 마늘 4~6개, 대파 1/2대, 양파 1/8개, 참기름, 고춧가루 1큰술, 간장 2작은술, 설탕 1작은술, 천일염 약간

만드는 법

1 현미는 깨끗이 씻어 물에 3시간 이상 불린다.
2 훈제오리와 마늘은 슬라이스하고 대파는 송송 썰고 양파는 다지고 배추김치는 굵게 다져 고춧가루와 간장, 설탕으로 밑간한다.
3 압력솥에 참기름을 두르고 마늘, 대파, 양파를 볶다가 현미와 물을 넣고 밑간한 배추김치와 훈제오리를 올린 후 뚜껑을 닫아 센 불로 가열한다.
4 압력계기가 올라오면 약한 불로 줄여 10~15분 정도 뜸을 들여 완성한다.

BROWN
RICE

소고기말이 현미 쌈밥

재료

현미밥 2공기, 소고기 샤브샤브용 200g , 올리브오일 1큰술, 참기름 1작은술, 통깨 1/2큰술, 고추 장아찌 20~30g, 천일염, 잣가루 약간

소고기 소스 : 간장 2큰술, 미림 1큰술, 꿀, 참기름 1/2큰술, 후추 약간

만드는 법

1 소고기 소스를 볼에 담아 잘 섞은 후 반으로 자른 샤브샤브용 소고기 한쪽 면에 바른다.

2 볼에 현미밥과 다진 고추장아찌, 참기름, 통깨, 천일염을 넣고 잘 섞는다.

3 2를 동그랗게 모양을 잡아 소고기 소스 바른 면에 올리고 감싸 소고기말이를 만든다.

4 예열한 팬에 올리브오일을 두르고 3을 굴려가면서 굽다가 소스를 바른 후 접시에 담아 잣가루를 올려 완성한다.

❖ 아이가 먹을 경우 고추 장아찌 대신 간장과 미림 1큰술, 참기름 1작은술, 통깨 1/2큰술을 넣는다.

BROWN
RICE

멸치볶음 김치말이 쌈밥

재료

현미밥 2공기, 김치 줄기 부분 3~5cm 20조각, 멸치 50g

김치 양념 : 참기름, 통깨 1작은술, 설탕 1/2작은술, 쪽파 2뿌리

멸치볶음 양념 : 미림 2큰술, 모과청, 꿀 1큰술, 설탕, 통깨 약간

만드는 법

1 마른 팬에 멸치를 볶아 비린내를 제거하고 다른 팬에 멸치볶음 양념을 끓인 후 볶은 멸치를 넣어 멸치볶음을 완성한다.

2 볼에 현미밥과 1의 멸치볶음을 넣고 잘 섞어 먹기 좋은 초밥 크기로 만들어 준비한다.

3 김치는 소를 털어내고 두꺼울 경우 칼로 저미고 김치 양념으로 무쳐둔다.

4 2를 3으로 보기 좋게 감싸서 완성한다.

BROWN
RICE

멍게 현미 비빔밥

재료

현미밥 2공기, 멍게 200g(10~12개), 상추 10장, 깻잎, 봄동 5장, 달래 1줌, 무순, 김 약간

멍게 양념 : 간장, 참기름 1작은술, 미림, 깨, 다진 파 1큰술, 다진 마늘 1작은술

초 양념 : 고추장 4큰술, 매실청, 식초 2큰술, 간장 1큰술, 다진 마늘 1작은술, 연겨자 1/2작은술, 통깨 1큰술

만드는 법

1 멍게는 돌기를 잘라내고 살을 발라 먹기 좋은 크기로 썰어 멍게 양념으로 밑간하여 냉장고에 하루 숙성한다.
2 상추는 손으로 뜯고 깻잎과 봄동은 채 썰고 달래도 먹기 좋은 크기로 썬다.
3 볼에 초 양념 재료를 모두 넣고 잘 섞어서, 김은 부셔서 준비한다.
4 현미밥에 2의 야채와 1의 멍게를 올리고 부순 김과 깨소금, 참기름 뿌려 완성하고 초 양념을 곁들인다.

❖ 야채는 어린잎채소로 대신해도 된다.

BROWN RICE

피시소스 간장 참치 비빔밥

재료

현미밥 2공기, 달걀 3개, 참치캔 작은 것 1개, 피시소스 간장 3+1/2큰술, 올리브오일 1큰술, 천일염 약간

피시소스 간장 : 쯔유 3큰술, 피시소스 1/2큰술, 식초 1큰술, 고춧가루 1+1/2큰술, 참기름, 통깨 1큰술

만드는 법

1 볼에 피시소스 간장 재료를 모두 넣고 잘 섞는다.

2 팬에 올리브오일을 두르고 달걀 1개는 스크램블 에그로 만들고 달걀 2개는 반숙으로 익힌다.

3 볼에 현미밥과 기름을 제거한 참치캔, 스크램블 에그, 1의 피시소스 간장을 넣고 잘 섞는다.

4 3을 그릇에 나누어 담고 달걀 반숙을 올려 완성한다.

❖ 2인분 기준이므로 반숙 달걀을 각각의 그릇에 올려 완성한다.

BROWN
RICE

모든 버섯 현미 하이라이스

재료

현미밥 2공기, 모든 버섯 200g, 양파 2개, 당근 1/2개, 마늘 2개, 올리브오일 1큰술, 밀가루 2큰술, 물, 레드와인 1컵, 치킨스톡 1개, 월계수잎 1장, 토마토케첩, 굴소스 1큰술, 천일염 약간, 버터 1조각(10g)

만드는 법

1 양파는 얇게 슬라이스하고 당근은 반으로 길게 자른 후 비스듬히 슬라이스하고 양송이는 슬라이스, 다른 버섯들은 손으로 찢고 마늘은 다진다.

2 냄비에 올리브오일을 두르고 마늘과 양파를 넣어 볶다가 갈색이 되면 당근과 버섯을 넣고 천일염을 뿌려 수분이 나올 때까지 볶는다.

3 2에 밀가루를 뿌려 볶다가 물을 조금씩 부어 점성이 생기도록 젓다가 끓어오르면 스톡과 레드와인, 월계수잎, 토마토케첩, 굴소스를 넣어 10분 정도 끓인다.

4 3을 걸죽하게 끓이다가 버터를 넣어 향을 내고 현미밥에 곁들여 완성한다.

❖ 모든 버섯은 양송이, 느타리, 만가닥 등 다양하게 준비한다.

ALBERT

BROWN
RICE

현미 도리아

재료

현미밥 1+1/2공기, 만가닥버섯, 느타리버섯 100g, 양파 1/2개, 올리브오일 2큰술, 밀가루 1+1/2큰술, 우유 1컵, 모짜렐라치즈 40g, 파마산치즈 10g 천일염, 후추, 이탈리안 파슬리 약간

만드는 법

1 양파는 얇게 슬라이스하고 버섯은 손으로 찢어 준비한다.
2 냄비를 예열하여 올리브오일 1+1/2큰술을 두르고 양파를 노릇하게 볶다가 버섯과 천일염을 넣어 볶다가 수분이 나오면 밀가루를 넣어 가루가 잘 섞이도록 볶는다.
3 2에 우유를 넣고 주걱으로 젓다가 끈끈해지고 걸쭉해지면 천일염과 후추를 넣어 간하고 치즈를 넣어 녹인다.
4 내열 용기에 올리브오일 1/2큰술을 골고루 바른 후 현미밥을 넣고 3을 올려 200℃ 오븐에서 10~15분 정도 구워 갈색이 나면 이탈리안 파슬리를 뿌려 완성한다.

BROWN
RICE

현미 빠에야

재료

현미 2컵, 닭다리 1개(200g), 새우 6마리, 만가닥버섯 80g, 양파, 파프리카(빨강, 노랑 각각) 1/4개, 물 3~4 컵 올리브오일 1큰술, 토마토케첩 3큰술, 버터 10g, 카레가루 1작은술, 간장 1/2큰술, 천일염 1작은술, 후추, 루꼴라, 라임이나 레몬 약간

만드는 법

1 현미는 깨끗이 씻어 물에 3시간 이상 불린 후 체에 받쳐 물기를 제거한다.

2 닭다리는 살을 발라 3cm 크기로 자르고 새우는 내장을 제거하고 양파는 채 썰고 파프리카는 1cm 길이로 길게 자르고 만가닥버섯은 손으로 찢은 후 만가닥버섯을 제외한 재료에 간장과 천일염, 후추를 넣어 밑간한다.

3 팬에 올리브오일 1/2큰술을 두르고 만가닥버섯을 제외한 2를 볶아둔다.

4 팬에 올리브오일 1/2큰술을 두르고 현미를 중간 불에 2~3분 볶다가 물과 토마토케첩, 버터, 카레가루를 넣어 끓어오르면 저어 가며 6~8분 끓인다.

5 표면을 평평하게 한 후 만가닥버섯을 올려 끓어오르면 약한 불로 줄여 뚜껑을 덮고 20-25분 끓인 후 뚜껑을 열어 수분을 날리고 루꼴라와 라임이나 레몬을 곁들여 완성한다.

BROWN
RICE

현미 콩 필라프

재료

현미 2컵, 콩 삶은 것 1컵(150g), 양파 1/2개, 물 2컵, 올리브오일 1큰술, 간장 1작은술, 버터 10g, 어린잎채소, 방울토마토, 천일염, 후추 약간

만드는 법

1 현미는 깨끗이 씻어 물에 3시간 이상 불린다.
2 팬에 올리브오일을 두르고 다진 양파를 갈색이 나게 볶다가 콩을 넣어 2분 정도 더 볶은 후 불을 끈다.
3 압력솥에 현미를 넣고 2를 평평하게 올린 후 물과 천일염을 넣고 뚜껑을 닫아 센 불로 가열한다.
4 압력계기가 올라오면 약한 불로 줄여 10~15분 정도 뜸을 들이고 뚜껑을 열어 간장과 버터, 후추를 넣어 잘 섞은 후 어린잎채소와 방울토마토를 곁들여 완성한다.

❖ 콩은 여러 가지 종류로 준비한다.

BROWN
RICE

현미 규동

재료

현미밥 2공기, 불고기용 소고기 170g, 표고버섯 1개, 새송이버섯 1/4개, 양파 1/2개, 대파 1/2대, 쪽파 3~5줄기, 마늘 1개, 생강 1/4개, 달걀 1개, 올리브오일, 청주 1큰술

불고기 양념 : 간장, 쯔유, 청주 1큰술, 설탕 1/2큰술, 참기름 1작은술, 천일염, 후추 약간

만드는 법

1 표고버섯, 새송이버섯, 양파와 생강은 채 썰고 대파는 어슷썰고 쪽파는 송송 썰고 마늘은 편 썰어 준비한다.
2 볼에 불고기 양념을 섞어 불고기를 재워두고, 다른 볼에 달걀을 풀어 청주를 넣고 잘 섞어준다.
3 예열한 팬에 올리브오일을 두르고 쪽파와 생강을 뺀 1을 넣어 볶다가 천일염을 넣는다.
4 3에 2의 재워둔 소고기를 넣어 볶다가 어느 정도 익으면 달걀을 올린 후 팬 뚜껑을 덮어 익힌다.
5 현미밥 위에 4을 올리고 채 썬 생강과 쪽파를 올려 완성한다.

BROWN RICE

대파 돼지고기 현미 덮밥

재료

현미밥 2공기, 삼겹살 150g, 대파 2대, 마늘 2개, 생강 약간

돼지고기 양념 : 해선장 1큰술, 청주 2큰술, 설탕 1작은술, 천일염, 후추 약간

만드는 법

1 대파는 반을 갈라 채 썰고 물에 담가 매운맛을 제거하고 마늘과 생강은 편 썰어 준비한다.
2 예열한 팬에 삼겹살을 구워 한입 크기로 썰어 기름을 빼놓고 그 기름에 마늘과 생강을 튀긴다.
3 볼에 돼지고기 양념을 넣어 잘 섞은 후 2의 팬에 기름기를 제거하고 구운 삼겹살과 양념을 단시간에 조린다.
4 현미밥 위에 파채, 고기, 파채 순으로 올리고 튀긴 마늘과 생강을 올려 완성한다.

BROWN
RICE

검은깨 샐러리 현미 볶음밥

재료

현미밥 2공기, 잎 달린 샐러리 1대, 올리브오일, 검은깨 1큰술, 참기름 1/2큰술, 간장 1작은술, 천일염, 후추 약간

만드는 법

1 샐러리 잎은 먹기 좋은 크기로 손질하고 대는 어슷썰어 준비한다.

2 예열한 팬에 올리브오일을 두르고 샐러리 줄기 부분을 먼저 살짝 볶는다.

3 기름이 돌면 현미밥을 넣어 주걱으로 밥알이 흩어지도록 볶고 천일염, 후추, 샐러리 잎을 넣어 볶는다.

4 불을 끄고 검은깨와 참기름을 잘 섞어 완성한다.

❖ 현미밥은 냉동으로 준비하면 요리하기 편하다.

BROWN
RICE

아스파라거스 베이컨 현미 볶음밥

재료

현미밥 2공기, 아스파라거스 4~5개, 베이컨 6줄, 마늘 2개, 올리브오일, 간장 1큰술, 파마산치즈, 천일염, 후추 약간

만드는 법

1 아스파라거스는 밑동을 잘라내고 껍질을 필러로 제거한 후 송송 썰고 마늘은 슬라이스하고 베이컨은 1.5cm 폭으로 잘라 준비한다.
2 예열한 팬에 올리브오일을 두르고 마늘을 볶다가 베이컨을 넣어 볶는다.
3 베이컨이 어느 정도 익으면 아스파라거스와 현미밥을 차례로 넣어 볶는다.
4 3에 간장과 천일염, 후추로 간해 한 번 더 볶은 후 파마산치즈를 갈아 올려 완성한다.

현미밥 이야기

—

현미밥 한 그릇에 담긴
맛과 영양을 생각한다

혼자 사는 사람들이 많아졌다.
가족의 수도 적어져 혼자 밥 먹는 일도 많아졌다.
하지만 혼자 먹는 식사라고 해서 대충 먹을 수는 없다.
그리고 남편이나 아이가 혼자 식사하게 되는 경우,
맛과 영양은 더 신경 써야 한다.

소고기 현미밥으로 모처럼 도시락을 준비해보면 어떨까.
슈퍼푸드 아보카도로 명란 아보카도 현미밥을 만들어
친구들과 브런치 카페 분위기를 내보는 것도 좋겠다.

주말 별식으로 오리고기나 연어 요리를 준비하면
가족 모두 만족할 만한 풍성한 식사도 가능하다.

만들고 차려내기 비교적 간단한 현미밥 레시피.
맛도 있고 영양이 가득하다.

함께하면 즐거운
현미 테이블

BROWN
RICE

현미 채소 수프

재료

현미밥 1/2공기, 다시마 우린 물 6컵, 대파, 우엉 15cm, 무 1/6개, 당근 1/4개, 표고버섯 1개, 양배추 1/8통, 양파 1/4개, 천일염, 후추 약간

만드는 법

1 야채는 모두 채 썰어 준비한다.
2 냄비에 현미밥과 다시마 우린 물을 붓고 푸드 프로세서로 간다.
3 다른 냄비에 1을 넣어 충분히 볶은 다음 2를 붓고 약한 불로 뭉근히 끓인다.
4 천일염과 후추로 간해 완성한다.

BROWN
RICE

현미 양송이 수프

재료

현미밥 2~3큰술, 양송이버섯 6~8개, 양파 1/8개, 우유, 생크림, 닭 육수 1컵, 올리브오일 1큰술, 파마산치즈 간 것 2큰술, 천일염, 후추 약간

만드는 법

1 양송이버섯은 슬라이스하고 양파는 채 썰어 준비한다.
2 예열한 팬에 올리브오일을 두르고 양파와 양송이버섯을 볶는다.
3 2에 현미밥과 닭 육수를 넣어 끓이다가 현미밥이 어느 정도 풀어지면 불을 줄이고 우유를 넣어 핸드블랜더로 간다.
4 3에 생크림과 천일염, 후추, 파마산치즈를 넣고 약한 불에서 끓이며 농도를 맞추어 완성한다.

BROWN
RICE

단호박 두유 현미 수프

재료

현미밥 50g, 야채 육수 1컵, 단호박 1/8개, 양파 1/2개, 두유 2컵, 올리브오일, 천일염, 후추 약간

만드는 법

1 단호박은 씨와 속을 파내고 한입 크기로 자르고 양파는 잘게 다진다.
2 예열한 냄비에 올리브오일을 두르고 양파를 약한 불에서 부드러워질 때까지 볶다가 단호박을 넣어 함께 볶고 천일염을 넣는다.
3 2에 현미밥과 야채 육수를 넣고 호박이 부드러워질 때까지 중간 불에서 5분 정도 끓이다가 두유를 넣고 약한 불로 줄여 10분 정도 더 끓인다.
4 단호박을 나무주걱으로 가볍게 으깨고 천일염과 후추로 간해 완성한다.

BROWN
RICE

현미 라이스 샐러드

재료

현미밥 1공기, 병아리콩 2/3컵, 빨강 파프리카 1/2개, 콘 옥수수 1/3컵, 오이 1/4개, 적양파 1/8개, 구운 아몬드 슬라이스 2큰술, 쌈채소 적당량, 천일염 약간

드레싱 : 엑스트라 버진 올리브오일 4큰술, 현미식초 2큰술, 디종 머스터드, 천일염 1/2작은술, 다진 마늘, 후춧가루 약간

만드는 법

1 냄비에 물을 붓고 천일염을 넣어 병아리콩을 삶는다.

2 파프리카와 오이는 1cm 크기로 깍뚝 썰고 적양파는 채 썬다.

3 볼에 드레싱 재료를 모두 넣고 골고루 섞는다.

4 현미밥, 삶은 병아리콩, 콘 옥수수에 3의 드레싱을 뿌려 골고루 섞어 쌈채소에 올리고 아몬드 슬라이스를 뿌려 완성한다.

BROWN
RICE

아보카도 호두 현미 샐러드

재료

현미밥 2공기, 아보카도 1개, 레몬즙 2큰술, 호두 1/2컵, 쌈채소 10장

드레싱 : 엑스트라 버진 올리브오일 3큰술, 발사믹식초 1큰술, 간장, 조청 2큰술, 천일염, 후춧가루 약간

만드는 법

1 아보카도는 껍질을 벗기고 먹기 좋은 크기로 잘라 레몬즙을 뿌리고 호두는 기름을 두르지 않은 팬에 굽는다.
2 쌈채소는 물에 씻어 찬물에 담갔다가 먹기 직전에 꺼내 물기를 제거한다.
3 볼에 드레싱 재료를 모두 넣고 골고루 섞는다.
4 현미밥에 드레싱의 1/3을 넣어 섞고 나머지 재료와 드레싱을 모두 함께 섞어 쌈채소와 함께 담아 완성한다.

BROWN
RICE

병아리콩 현미 샐러드

재료

현미밥, 삶은 병아리콩 1/2컵, 애호박, 단호박 1/8개, 가지, 노랑 파프리카 1/2개, 방울토마토 5개, 표고버섯, 마늘 1개, 양상추 2장, 올리브오일 약간

소스 : 엑스트라 버진 올리브오일 3큰술, 간장 2큰술, 발사믹식초 1큰술, 천일염, 후추 약간

만드는 법

1 애호박, 단호박, 가지, 노랑 파프리카, 표고버섯, 양상추는 0.5cm 크기로 깍뚝 썬다.

2 마늘은 슬라이스하고 방울토마토는 반으로 자른다.

3 작은 볼에 소스 재료를 모두 넣고 섞는다.

4 예열한 팬에 올리브오일을 두르고 마늘을 볶다가 양상추를 제외한 1과 2를 볶는다.

5 4를 식힌 후 볼에 담고 양상추, 소스와 함께 버무려 완성한다.

BROWN
RICE

현미밥 스테이크

재료

현미밥 1공기, 닭가슴살 1덩어리, 오트밀, 두부 1/4모, 양파 1/2개, 마늘 1개, 카레가루 1큰술, 참기름 1작은술, 천일염, 후추 약간, 올리브오일 2큰술

소스 : 발사믹식초 1/2컵, 설탕 1작은술

만드는 법

1 푸드 프로세서에 닭가슴살과 양파, 마늘을 함께 갈아 준비하고 두부는 칼등으로 으깨 면보로 감싸 물기를 제거한다.

2 볼에 1과 오트밀, 카레가루, 참기름, 천일염, 후추를 넣고 치대어 반죽을 동글납작하게 만든다.

3 소스팬에 발사믹식초와 설탕을 넣고 1/3이 될 때까지 조려 소스를 만든다.

4 예열한 팬에 올리브오일을 두르고 2를 앞뒤로 구워 접시에 담은 후 3의 소스를 곁들여 낸다.

❖ 소스를 만들기 어렵다면 발사믹 크림을 사용해도 된다.

BROWN
RICE

단호박 코코넛 카레

재료

현미밥 2공기, 단호박 1/8개(200g), 토마토, 양파 1개, 당근 1/2개, 마늘 2개, 생강 1개, 올리브오일 1큰술, 카레가루 2큰술, 물, 코코넛밀크 1컵, 치킨스톡 1/2개, 천일염, 후추 약간

만드는 법

1 단호박과 당근은 주사위 모양으로 자르고 토마토는 큼직하게 6~8등분하고 양파, 마늘, 생강은 다져서 준비한다.
2 냄비에 올리브오일을 두르고 마늘과 생강을 약한 불에서 향이 나도록 볶다가 어느 정도 익으면 양파를 넣어 중간 불로 볶다가 약한 불로 줄여 갈색이 되도록 볶는다.
3 2에 카레가루를 넣고 향이 나면 단호박, 당근을 넣어 볶다가 분량의 물과 치킨스톡, 월계수 잎을 넣어 끓어오르면 토마토를 넣어 중간 불로 10~15분 정도 뭉근히 끓인다.
4 맛이 어느 정도 배면 코코넛밀크와 천일염, 후추를 넣어 다시 한 번 끓인 후 현미밥과 함께 담아 완성한다.

BROWN
RICE

두부 드라이카레

재료

현미밥 2공기, 두부(부침용) 1/2모, 삶은 병아리콩 1/2컵, 건표고버섯 3개, 양파 1개, 당근, 우엉 50g, 주황 파프리카 1개, 사과 1/8개, 참기름 3큰술

카레소스 : 카레가루 2큰술, 간장 3큰술, 된장, 조청 1큰술, 물 1+1/2컵, 천일염, 후추 약간

만드는 법

1 건표고버섯은 물에 담가 불린 후 다진다.

2 양파, 당근, 우엉 파프리카, 사과는 다지고 두부는 물기를 제거하고 먹기 좋은 크기로 자른다.

3 예열한 냄비에 참기름을 두르고 양파, 우엉, 당근, 파프리카 순으로 볶다가 두부를 넣어 수분이 없어지도록 볶는다.

4 카레소스 재료를 모두 섞어 잘 푼 후 3의 냄비에 넣고 삶은 병아리콩과 함께 조려 완성한다.

❖ 1의 건표고버섯 불린 물은 카레소스 재료로 사용한다.

BROWN
RICE

현미 크림소스 리소토

재료

현미 1컵, 양파 1/4개, 양송이버섯 5~6개, 베이컨 2장, 올리브오일 2큰술, 물 2컵, 우유 1컵, 버터 20g, 파마산치즈 30~50g, 파슬리 약간

만드는 법

1 현미는 깨끗이 씻어 물에 3시간 이상 불린다.
2 양파와 양송이버섯은 슬라이스하고 베이컨은 1cm 폭으로 잘라 준비한다.
3 압력솥에 올리브오일을 두르고 양파, 양송이, 베이컨을 중간 불에서 볶다가 현미를 넣어 2~3분 더 볶는다.
4 3에 분량의 물을 넣고 뚜껑을 닫아 센 불로 가열하다가 압력계기가 올라오면 약한 불로 줄여 10~15분 정도 뜸을 들인다.
5 뚜껑을 열어 우유를 넣어가며 가열하다가 버터와 파마산치즈를 넣고 섞어 완성한다.

BROWN
RICE

현미 루꼴라 리소토

재료

현미밥 2공기, 양파 1/4개, 루꼴라 1단, 올리브오일 1큰술, 물 1+1/2 컵, 치킨스톡 1개, 파마산치즈 30g, 천일염, 후추 약간

만드는 법

1 양파는 다지고 루꼴라 2~3장은 3~4cm 크기로 잘라 장식용으로 사용하고 남은 것은 다진다.
2 냄비에 올리브오일을 두르고 양파를 중간 불로 볶다가 익으면 현미밥을 넣고 볶는다.
3 2에 물을 넣고 끓어오르면 치킨스톡을 녹인 후 중간 불로 끓이다가 수분이 적어지면 루꼴라와 천일염을 넣고 간한다.
4 그릇에 담아 파마산치즈와 후추를 뿌리고 루꼴라로 장식하여 완성한다.

❖ 현미밥은 냉동밥을 사용하면 요리하기 편하다.

BROWN
RICE

흑미 현미밥 밀푀유

재료

흑미 현미밥 1+1/2공기, 천일염 1/2작은술

토란 샐러드 : 토란 4개, 올리브오일 1큰술, 현미식초 1/2큰술, 천일염 1/4작은술, 마요네즈 2큰술, 후춧가루 약간

우엉 샐러드 : 우엉 1대, 올리브오일 1큰술, 다진 마늘 1작은술, 현미식초 1/2큰술, 디종 머스터드, 간장 1/2작은술, 천일염, 후춧가루 약간

만드는 법

1 흑미 현미밥에 천일염을 넣고 잘 섞어 두 덩어리로 나누어 랩으로 싼 후 밀대로 민다.

2 1의 랩을 벗겨 180℃ 오븐에서 10~12분 정도 굽고 뒤집어서 또 한 번 구워 표면이 바삭해지면 3등분한다.

3 토란은 삶아서 먹기 좋은 크기로 잘라 뜨거울 때 올리브오일, 현미식초, 천일염을 넣어 섞고 식으면 마요네즈와 후춧가루를 뿌려 섞는다.

4 달군 팬에 올리브오일을 두르고 채썬 우엉을 볶다가 다진 마늘, 현미식초, 디종 머스터드, 간장, 천일염, 후춧가루를 넣어 볶는다.

5 구운 흑미 현미밥 사이에 3과 4의 샐러드를 차례로 올려 완성한다.

BROWN
RICE

현미 오코노미야끼

재료

현미밥 1공기, 통밀가루 1큰술, 다시마 우린 물 1/2컵, 채 썬 양배추 1컵, 채 썬 우엉 1/3컵, 채 썬 대파 흰 부분 5cm, 천일염, 채 썬 생강, 파래가루 약간, 카놀라유 1큰술

발사믹 간장 : 발사믹식초 3큰술, 조청 2큰술, 간장 1큰술

만드는 법

1 볼에 통밀가루와 다시마 우린 물을 넣고 잘 섞는다.
2 1에 우엉과 대파 볶은 것, 현미밥을 넣어 섞은 후 천일염으로 간하고 점성이 생길 때까지 반죽한 후 양배추를 넣어 섞는다.
3 달군 팬에 카놀라유를 두르고 반죽을 떠 넣어 앞뒤로 노릇하게 굽고 약한 불로 속까지 익힌다.
4 3에 채 썬 생강과 파래가루를 뿌려 완성한다.
5 발사믹 간장 재료를 모두 섞어 곁들인다.

BROWN
RICE

현미 애플 어니언 소시지

재료

현미가루 1/2컵, 닭가슴살 다진 것, 돼지고기 목살 다진 것 1컵, 사과 1개, 양파 작은 것 1개, 세이지 3~4줄기, 포도씨유 2큰술, 천일염 1작은술, 후춧가루 3/4작은술, 생강즙 1작은술, 넛멕 1/4작은술, 파프리카가루 1작은술

만드는 법

1 사과, 양파는 잘게 다지고 세이지도 다져서 준비한다.

2 달군 팬에 포도씨유를 두르고 양파와 사과를 볶아 식힌다.

3 볼에 닭가슴살과 돼지고기, 생강즙, 넛멕, 파프리카가루, 현미가루를 넣어 잘 섞은 후 천일염으로 간하고 후춧가루를 뿌린다.

4 3에 2를 넣어 반죽해 먹기 좋은 크기로 빚는다.

5 팬에 포도씨유를 두르고 4를 노릇하게 구워 완성한다.

BROWN
RICE

땅콩 깨소스 현미 꼬치

재료

현미밥 1+1/2공기, 삶은 완두콩 2큰술, 천일염, 참기름 약간, 꼬치용 막대 6개

피넛소스 : 피넛버터 2큰술, 스위트 칠리소스 1큰술, 발사믹식초 1작은술

깨소스 : 미소된장 3큰술, 오렌지주스 1큰술, 통깨 간 것 1큰술, 생강즙 약간

만드는 법

1 볼을 두 개 준비해 각각의 소스 재료를 섞어 두 가지 소스를 만든다.

2 현미밥과 삶은 완두콩에 천일염으로 간하고 절구로 빻거나 손으로 치대 반죽한다.

3 2의 반죽을 6등분하고 손에 참기름을 발라 둥글게 빚은 후 꼬치용 막대에 끼운다.

4 3에 1의 소스를 발라 구워서 완성한다.

BROWN
RICE

현미밥 대파 부침개

재료

현미밥 2공기, 대파 20cm, 검은깨 1/2큰술, 천일염 약간, 후춧가루 1/2작은술, 녹말가루 1작은술, 포도씨유 1큰술

간장소스 : 간장, 조청, 발사믹식초, 참기름 1큰술

만드는 법

1 대파는 곱게 채 썰어 준비한다.

2 볼에 현미밥과 대파, 검은깨, 녹말가루, 천일염, 후춧가루를 넣고 치대어 2등분한다.

3 팬에 포도씨유를 두르고 2의 반죽 반을 둥글게 펴서 앞뒤로 노릇하게 굽는다.

4 부침개가 구워지면 간장소스 재료를 모두 섞어 팬에 붓고 간이 배도록 조려 완성한다.

BROWN
RICE

오렌지소스 현미 크로켓

재료

현미밥 1/2공기, 단호박 1/4개, 고구마, 감자 1개, 팥, 병아리콩 2큰술, 양파 1/2개, 천일염, 후춧가루 약간, 현미가루, 튀김용 기름 적당량

오렌지소스 : 껍질 벗긴 오렌지 1개, 올리브오일 2큰술, 천일염, 후춧가루 약간

만드는 법

1 팥과 병아리콩은 푹 삶고 단호박, 고구마, 감자는 쪄서 으깬다.
2 달군 팬에 양파를 다져 볶다가 천일염으로 간하고 후춧가루를 뿌린다.
3 볼에 1과 2, 현미밥을 넣고 섞어 동그랗게 반죽해 현미가루, 물, 빵가루 순으로 튀김옷을 입힌다.
4 170℃ 기름에 3을 노릇하게 튀겨 완성하고 오렌지소스 재료를 모두 섞어 곁들인다.

BROWN RICE

현미 구절판

재료

현미 떡볶이떡 1+1/2컵, 건표고버섯 5개, 당근, 애호박 1/2개, 채 썬 소고기 1/2컵, 달걀 3개, 튀김용 기름 적당량

밑간 양념 : 간장 1큰술, 참기름, 깨소금 1작은술, 천일염, 후춧가루 약간

발사믹소스 : 발사믹식초 3큰술, 조청 1큰술, 간장 1작은술

만드는 법

1 현미 떡볶이떡을 170℃ 기름에 2~3분간 노릇하게 튀기고 당근, 애호박은 가늘게 채 썰어 천일염으로 간해 볶는다.

2 건표고버섯은 물에 불려 가늘게 채 썰고 기둥은 손으로 잘게 찢는다.

3 밑간 양념 재료를 모두 섞어 소고기와 표고버섯을 밑간한다.

4 달군 팬에 소고기와 표고버섯을 각각 볶는다.

5 달걀은 흰자와 노른자를 분리해 지단을 부쳐 가늘게 채 썬다.

6 접시에 튀긴 현미 떡볶이떡을 담고 준비한 재료를 올린 뒤 발사믹소스 재료를 모두 섞어 함께 낸다.

특별한 날에는 특별한 현미요리를 준비한다

딸만 여럿인 우리 집 밥상에서는
언제나 웃음소리와 이야기가 끊이지를 않았다.
우리 어렸을 때는 집에 손님 초대할 일도 잦았고
친척들도 자주 모였다.
부엌에 음식 냄새가 가득한 날은
언니와 나도 하루 종일 엄마의 심부름에
부엌을 수도 없이 들락날락했다.

하지만 지금은 아주 특별한 날 외에
가까운 친척집이나 친구집에 가서
밥을 같이 먹는 일은 굉장히 드물다.
주부가 직접 부엌에서 음식을 만들어 내놓는 일은
더욱 드물어졌다.

음식의 가짓수가 많아야 할 필요는 없다.
평소보다 조금 특별한 재료와 상차림이면 충분하다.

현미 양송이 수프, 아보카도 호두 현미 샐러드, 현미 리소토는
최고의 이탈리안 레시피를 선사한다.
흑미 현미밥 밀푀유의 색감과 식감은 상상 그 이상이다.
한식 상차림에서 빠질 수 없는 구절판.
갖가지 볶은 채소들과 현미 떡의 조화를 경험해본다.

맛있는 현미 간식
간단한 현미 한 끼

BROWN
RICE

현미 견과류바

재료

현미튀밥 20g, 호박씨, 해바라기씨, 아몬드 1/2컵, 참깨, 땅콩, 말린 자두1/4컵, 다시마 1장, 조청 1/2컵, 천일염 1작은술

만드는 법

1. 모든 씨앗과 견과류는 각각 볶아 식힌 후 다지고 말린 자두도 다진다.
2. 다시마는 팬에 구운 후 푸드 프로세서에 곱게 간다.
3. 중간 불로 달군 팬에 조청을 넣고 끓어오르면 불에서 내려 천일염을 넣어 녹인 후 현미튀밥과 각종 견과류, 말린 자두를 다져 넣어 잘 저어준다.
4. 기름을 칠한 넓적한 용기에 내용물을 담고 얇게 펴서 식힌 후 먹기 좋은 크기로 잘라 완성한다.

❖ 현미튀밥을 구하기 힘들다면 볶은 현미를 사용한다.

볶은 현미는 현미를 깨끗이 씻어 물기를 제거하고 중약 불에 현미가 갈색이 나도록 볶아 완성한다.

BROWN
RICE

현미 오트밀 견과류바

재료

현미튀밥 15g, 오트밀 80g, 호두, 피칸 30g, 건포도 40g, 호박씨 10g, 흰깨 1큰술, 천일염 2/3작은술, 조청 3큰술

만드는 법

1 호두, 피칸, 건포도는 다진다.
2 코팅된 팬에 오트밀을 넣어 고소하게 볶는다.
3 오트밀의 색이 나면 1과 흰깨, 현미튀밥, 천일염을 넣어 볶는다.
4 3에 조청을 넣고 덩어리 상태가 되도록 잘 섞는다.
5 4가 뜨거울 때 틀에 눌러 담아서 모양을 만들고 식힌 후 틀에서 꺼내 먹기 좋은 크기로 잘라 완성한다.

❖ 현미튀밥을 구하기 힘들다면 볶은 현미를 사용한다.
볶은 현미는 현미를 깨끗이 씻어 물기를 제거하고 중약 불에 현미가 갈색이 나도록 볶아 완성한다.

BROWN
RICE

현미 오버나이트 잡곡 와플

재료

하룻밤 불린 현미와 잡곡(쌀, 찹쌀, 메밀, 현미, 흑미 등) 2컵, 두유 1+1/2컵, 메이플시럽 3큰술, 카놀라유 2큰술, 천일염 1/2작은술

파와 깨맛 베이스 : 대파 10cm, 검은깨 1큰술, 간장 1작은술, 카놀라유, 천일염 약간

카레맛 베이스 : 카레가루 2큰술, 카놀라유 1큰술, 양파 1/4개, 건포도 3큰술, 천일염 약간

만드는 법

1 하룻밤 불린 현미와 잡곡은 두유, 카놀라유, 메이플시럽을 넣고 푸드 프로세서에 갈고 파는 송송 썰고 양파는 채 썰어 준비한다.

2 달군 팬에 카놀라유를 두르고 파를 먼저 볶다가 검은깨를 넣고 간장, 천일염으로 간해 파와 깨맛 베이스를 만든다.

3 달군 팬에 카놀라유를 두르고 채 썬 양파를 볶다가 카레가루, 건포도를 넣고 천일염으로 간해 카레맛 베이스를 만든다.

4 1의 반을 파와 깨맛 베이스에, 나머지 반을 카레맛 베이스에 넣어 반죽하고 와플팬에 넣어 10분 정도 구워 완성한다.

BROWN
RICE

현미밥 아이스크림

재료

현미밥, 우유 1+1/2컵, 생크림 1컵, 꿀 5큰술, 레몬즙 1큰술, 강판에 간 레몬껍질, 천일염, 볶은 견과류 다진 것 약간

만드는 법

1 현미밥과 우유는 푸드 프로세서에 갈아 냄비에 담고 약한 불에 천천히 끓여 점성이 생기면 불을 끄고 식힌다.
2 생크림은 거품기를 이용해 70~80%까지 거품을 올려 준비한다.
3 볼에 1과 꿀, 레몬즙, 레몬껍질을 넣고 천일염으로 간한 후 고루 섞고 2의 생크림을 넣어 거품이 꺼지지 않도록 살살 섞는다.
4 아이스크림 용기에 담아 냉동한 후 다진 견과류를 뿌려 완성한다.

BROWN
RICE

현미 막걸리 푸딩

재료

현미밥 100g, 두유 400ml, 한천파우더 1작은술, 메이플시럽 3큰술, 푸룬 4개 (30g), 천일염 1/2작은술, 레몬즙 1큰술, 시나몬파우더 적당량

만드는 법

1 두유 50ml에 한천파우더를 뿌려 녹여둔다.
2 현미밥, 남은 두유, 푸룬, 메이플시럽, 천일염을 냄비에 넣고 푸룬이 부드러워질 때까지 끓이다가 블랜더로 간다.
3 2에 1을 더하고 다시 끓여서 한천파우더를 녹인다.
4 레몬즙을 넣어서 잘 섞고 물로 컵의 안쪽을 적신 후 담는다.
5 냉장고에서 굳힌 후 먹기 직전에 시나몬파우더를 뿌린다.

BROWN
RICE

현미 누룽지

재료

현미밥 1공기, 흑임자, 참깨 1큰술, 참기름 약간

만드는 법

1 흑임자, 참깨는 볶아서 준비한다.

2 볼에 현미밥과 1, 참기름을 넣고 섞는다.

3 기름을 두르지 않은 팬에 2를 얇게 펴서 앞뒤로 굽는다.

4 3을 먹기 좋은 크기로 잘라 완성한다.

BROWN
RICE

현미 고구마 몽블랑

재료

현미가루, 통밀가루 1/4컵, 찐 고구마 1/4개(50g), 검은깨 1/4작은술, 베이킹파우더 1작은술, 두유 1/2컵, 올리브오일, 메이플시럽 2큰술, 천일염 1/3작은술, 럼 1작은술, 블루베리 1큰술, 장식용 민트 약간

몽블랑 크림 : 찐 고구마 1개(200g), 코코넛밀크 1/4컵, 메이플시럽 3큰술, 통깨 2작은술, 천일염 약간

만드는 법

1 볼에 현미가루, 검은깨, 베이킹파우더를 넣어 고루 섞고 다른 볼에는 두유, 올리브오일, 메이플시럽, 럼, 블루베리를 섞어 천일염으로 간한다.

2 볼에 1의 재료를 넣어 섞고 그 안에 찐 고구마를 깍뚝 썰어 넣는다.

3 머핀 컵에 반죽을 담고 160℃ 오븐에서 20분 정도 구워 베이스를 만든다.

4 찐 고구마를 뜨거울 때 체에 내려 몽블랑 크림 재료와 섞어 크림을 만든 후 짤주머니에 담아 3 위에 돌려가며 짜서 완성한다.

❖ 머핀 컵 4개와 짤주머니를 준비한다.

❖ 3의 과정에서 꼬치로 반죽을 찔러 묻어나지 않아야 한다.

BROWN
RICE

유자청 깨소스 현미떡

재료

현미 떡볶이떡 2컵, 당근 1/4개, 우엉 10cm, 시금치 1/5단, 간장 1작은술, 유자청 2큰술, 통깨 간 것 1큰술, 천일염, 후춧가루 약간, 튀김용 기름 적당량, 다시마 우린 물 1컵, 녹말물(칡가루 1큰술, 물 2큰술) 2큰술

만드는 법

1 현미 떡볶이떡을 170℃ 기름에 2~3분간 노릇하게 튀긴다.
2 당근은 채 썰고 우엉은 연필을 깎듯 썰어 준비한다.
3 냄비에 당근, 우엉, 시금치, 유자청, 통깨 간 것을 넣고 다시마 우린 물과 간장을 넣어 끓인다.
4 3이 끓어오르면 녹말물을 넣고 걸쭉해지면 후춧가루를 뿌려 현미떡 위에 올려 완성한다.

BROWN RICE

현미스틱 스프링롤

재료

현미밥 1공기, 양파, 피망(빨강, 초록 각각) 1/4개, 콘 옥수수, 다진 아몬드 2큰술, 건포도 1큰술, 토마토케첩 2큰술, 매운 칠리소스 1큰술, 천일염, 후춧가루 약간, 스프링롤 피 4장, 포도씨유 2큰술

만드는 법

1 팬에 올리브오일을 두르고 양파, 피망을 다져서 볶다가 현미밥, 옥수수, 아몬드, 건포도를 넣어 볶은 후 토마토케첩, 칠리소스를 넣고 천일염으로 간해 볶는다.

2 블랙올리브와 케이프는 다져 디종 머스터드, 천일염과 섞어 소스를 만든다.

3 스프링롤 피를 반으로 자르고 1을 담아 스프링롤 스틱을 만든다.

4 달군 팬에 포도씨유를 두르고 3을 앞뒤로 노릇하게 구워 완성하고 2의 소스와 함께 낸다.

BROWN
RICE

현미 감자 포타주

재료

현미밥 1/4공기, 감자 1개, 대파 15cm, 물, 다시마 우린 물 1컵, 통깨 1/2작은술, 포도씨유 1큰술, 천일염, 후춧가루 약간

만드는 법

1 대파는 어슷 썰고 감자는 얇게 슬라이스한다.
2 냄비에 포토씨유를 두르고 대파를 먼저 볶아 향을 낸 후 감자를 볶는다.
3 물을 붓고 감자가 부드러워질 때까지 찌듯 조린다.
4 다시마 우린 물과 현미밥을 넣어 끓어오르면 약한 불로 줄여 자작해질 때까지 끓인 후 통깨를 뿌려 완성한다.

BROWN
RICE

닭 현미죽

재료

현미 1/2컵, 닭날개 5개, 물 4컵, 마늘 3개, 파 20g, 생강 1/2개, 참기름 1큰술, 천일염 1/2작은술, 깨소금 약간

만드는 법

1 현미는 깨끗이 씻어 물에 3시간 이상 불린다.
2 마늘은 슬라이스하고 파는 어슷썰고 생강은 얇게 저민다.
3 닭날개는 깨끗이 씻어 가위로 날개 끝을 잘라 뼈를 따라서 칼집을 넣고 참기름과 천일염에 밑간한다.
4 중간 불로 예열한 냄비에 닭날개와 현미를 볶다가 마늘, 파, 생강을 넣고 분량의 물을 넣어 끓이다가 끓어오르면 약한 불로 줄여 30~40분간 끓인다.
5 닭의 뼈를 발라내어 죽 위에 올리고 깨소금을 뿌려 완성한다.

BROWN
RICE

현미 연근 초밥

재료

현미 1+1/3컵, 흑미 1/3컵, 물 4컵, 천일염 약간, 연근 1/4개, 쪽파 5뿌리, 현미식초 2큰술

단촛물 : 물 3큰술, 식초 2+1/2큰술, 조청 3큰술, 천일염 1작은술

만드는 법

1 현미와 흑미는 깨끗이 씻어서 물 2컵과 천일염을 약간 넣어 밥을 짓는다.

2 연근은 얇게 슬라이스하고 쪽파는 살짝 데친다.

3 냄비에 물 2컵, 현미식초와 천일염을 넣고 끓이다가 연근을 넣어 조린다.

4 밥이 뜨거울 때 단촛물 재료를 모두 섞어 뿌리고 밥과 고루 섞어 한입 크기로 둥글게 빚는다.

5 4에 3의 조린 연근을 올리고 쪽파로 돌돌 말아 완성한다.

BROWN
RICE

현미 치라시스시

재료

현미밥 3공기, 다진 표고버섯 2큰술, 다진 당근, 다진 연근, 다진 죽순 3큰술, 다시마 우린 물 1컵, 데리야끼소스 2큰술, 깨소금 1큰술

두부 스크램블 : 다진 두부 1/4모, 현미식초, 올리브오일 1큰술, 조청 1작은술, 천일염, 후춧가루 약간

마크로 데리야끼소스 : 조청, 청주 2/3컵, 맛술, 간장 1/2컵, 메이플시럽 2큰술

단촛물 : 현미식초 2/3컵, 메이플시럽 2큰술, 천일염 1작은술

만드는 법

1 나무 볼에 식은 현미밥을 담고 단촛물 재료를 모두 섞어 부어가며 주걱으로 뭉치지 않게 고루 섞는다.
2 다시마 우린 물에 데리야끼소스 재료를 모두 넣어 끓어오르면 야채 다진 것을 넣고 부드러워질 때까지 조린 다음 건더기는 건져낸다.
3 1의 밥에 2를 잘 섞어 그릇에 담는다.
4 두부 스크램블 재료를 고루 섞어 팬에 익힌 다음 3 위에 올려 완성한다.

BROWN
RICE

현미 마끼

재료

현미 2컵, 물 2컵, 흰 살 생선회, 참치회 200g, 오이 1개, 당근 50g, 대파 10cm, 김치 80g, 구운 김 4~6장, 참기름 약간

단촛물 : 식초 4큰술, 설탕 2작은술, 천일염 1작은술

흰 살 생선회 양념 : 참기름 1작은술, 천일염 1/4작은술

참치회 양념 : 간장 2작은술, 참기름 1작은술

만드는 법

1 현미를 깨끗이 씻어 물에 30분 불리고 밥을 지어 뜨거울 때 단촛물을 넣고 잘 섞어 식힌다.

2 오이, 당근, 대파는 얇게 채 썰고 김치는 굵게 다지고 회는 막대기 모양으로 썰어 흰 살 생선과 참치회 각각의 양념에 버무려둔다.

3 구운 김은 3등분하여 붓으로 참기름을 바르고 밥을 올린 후 오이, 당근, 대파, 김치와 함께 회를 올려 마끼를 말아 완성한다.

❖ 만들어둔 현미밥으로 만들 때는 김이 나올 정도로 밥을 뜨겁게 데워 단촛물을 섞는다.

BROWN
RICE

현미 미니 김밥

재료

김 6장, 낙지젓 1/2컵, 무순 50g, 깻잎 4~5장, 단무지 슬라이스 4개분, 브로콜리 봉우리 4~5개분, 훈제연어 슬라이스 4~5장, 슬라이스 햄 4~5장, 천일염 약간

김밥용 밥 : 현미밥 3공기, 참기름 2큰술, 참깨 1큰술, 천일염 2작은술

모과청 멸치볶음 : 잔멸치 1/2컵, 모과청 1큰술, 올리고당, 올리브오일 1작은술

만드는 법

1 김밥용 밥은 현미밥에 참기름과 참깨, 천일염을 넣어 밑간한 후 3등분한다.

2 예열한 팬에 올리브오일을 두르고 잔멸치를 볶다가 수분이 날아가면 모과청과 올리고당을 넣고 볶아 모과청 멸치볶음을 완성한다.

3 브로콜리는 깨끗이 씻어 봉우리만 다져 팬에 올리브오일을 넣고 천일염으로 간하여 부슬부슬하게 볶고 연어와 햄은 슬라이스한다.

4 김을 1/4등분해 1의 밥을 올리고 깻잎을 깐 후 낙지젓과 무순, 단무지를 올려 말아서 낙지젓 김밥을, 모과청 멸치볶음을 올려 말아서 멸치볶음 김밥을, 브로콜리, 연어, 햄을 차례로 올려 말아서 브로콜리 연어 김밥을 완성한다.

BROWN
RICE

우엉 현미 군만두

재료

만두피 : 현미가루 2큰술, 통밀가루 1/2컵, 천일염 약간, 물 30~50ml

만두소 : 우엉 1/4대, 당근 1/5개, 간장 2큰술, 참기름 1작은술, 물 30~50ml

만드는 법

1 볼에 만두피 재료의 가루를 넣고 물을 조금씩 넣어가며 귓볼 정도의 탄력이 생길 때까지 반죽해 냉장고에 30분 정도 보관한다.

2 우엉은 연필 깎듯이 깎고 당근은 얇게 채 썰어 팬에 참기름을 두르고 함께 볶다가 고소한 냄새가 올라오면 물을 넣어 조리다가 마지막에 간장을 넣어 간한다.

3 도마 위에 통밀가루를 뿌리고 반죽을 조금씩 떼어 밀대로 밀어 지름 10cm 정도의 만두피를 만들고 그 안에 소를 넣어 만두를 빚는다.

4 팬을 달구어 포도씨유를 두르고 만두를 노릇하게 구워 완성한다.

❖ 우엉은 조금 얇게 돌려 깎는다.
어렵다면 우엉을 도마 위에 세우고 칼을 아래로 돌려 가며 얇게 내리친다.

❖ 포도씨유는 재료 외에 따로 2큰술 준비한다.

BROWN
RICE

현미 간장 떡볶이

재료

현미 떡볶이떡 2컵, 양송이버섯 8개, 간장 3큰술, 다시마 우린 물 1컵, 고춧가루, 조청 1큰술, 대파 10cm, 다진 마늘 2큰술, 땅콩 1큰술, 후춧가루 약간

만드는 법

1 현미 떡볶이떡은 한입 크기로 썰고 양송이버섯과 대파는 슬라이스한다.
2 냄비에 다시마 우린 물을 붓고 간장, 고춧가루, 조청, 다진 마늘, 후춧가루를 넣고 끓인다.
3 2에 현미 떡볶이떡, 양송이버섯, 대파를 넣고 조린다.
4 마른 팬에 땅콩을 살짝 볶아서 다진 후 3에 올려 완성한다.

BROWN
RICE

모짜렐라치즈 현미 떡볶이

재료

현미 떡볶이떡 2컵, 양배추 1~2장, 양파 1/4개, 대파 10cm, 피망(빨강, 초록 각각) 1/4개, 오징어 1/4마리, 홍합 5개, 새우 3마리, 모짜렐라치즈 1/2개, 다시마 우린 물 1컵, 후춧가루 약간

떡볶이 양념 : 고추장 1큰술, 고춧가루 2큰술, 간장 1/2큰술, 설탕, 조청 1큰술, 다진 마늘 2큰술, 참기름 1큰술, 후춧가루 약간

만드는 법

1 현미 떡볶이떡은 한입 크기로 자르고 홍합은 이물질을 떼고 솔로 깨끗이 닦고 새우는 내장을 제거해 손질하고 오징어는 껍질을 벗겨 1.5cm 크기로 깍뚝 썬다.

2 대파는 어슷썰고 양파와 피망은 채 썰고 양배추와 모짜렐라치즈는 1.5cm 크기로 깍뚝 썬다.

3 냄비에 다시마 우린 물을 붓고 떡볶이 양념 재료를 모두 넣어 끓이다가 1의 현미 떡볶이떡을 넣고 끓인다.

4 떡이 익으면 해산물과 채소를 넣어 끓이다가 후춧가루를 뿌리고 모짜렐라치즈를 얹어 완성한다.

간식과 디저트까지
현미로 가능한 레시피들

여러 가지 레시피의 현미밥에 익숙해졌다면
이제 간식과 디저트에 도전해보자.

아이가 커갈수록 간식 걱정을 많이 하게 된다.
각종 인스턴트 음식과 배달 음식들,
달고 자극적인 스낵과 음료에 길들여진
사랑하는 우리 아이의 건강을 챙겨줘야 한다.

식탁 위에 간식으로
현미 누룽지나 현미 견과류바를 만들어 올려놓으면
간편하게 현미의 영양을 얻을 수 있다.

현미로 만든 와플, 고구마 몽블랑은
커피, 티와 잘 어울리는 디저트가 된다.
간단히 한 끼 해결하고 싶은 날에는
대표 간식 떡볶이가 좋다.

현미를 어떻게 요리하느냐에 따라
우리가 생각했던 이상으로
훨씬 다양한 요리가 가능하다.

매일 현미밥

2018년 4월 30일 초판 1쇄 발행

지은이 • 최혜숙
펴낸이 • 이동은

편집 • 박현주

펴낸곳 • 버튼북스
출판등록 • 2015년 5월 28일(제2015-000040호)

주소 • 서울시 서초구 방배중앙로25길 37
전화 • 02-6052-2144 팩스 • 02-6082-2144

ISBN 979-11-87320-19-7 13590